快来和“情绪”做朋友吧

你好！情绪

［日］池谷裕二／著
［日］栗原崇／绘
什　陆／译

科学普及出版社
·北　京·

图书在版编目（CIP）数据

你好！情绪 /（日）池谷裕二著；（日）栗原崇绘；
什陆译. -- 北京：科学普及出版社, 2023.8
ISBN 978-7-110-10495-8

Ⅰ. ①你… Ⅱ. ①池… ②栗… ③什… Ⅲ. ①情绪－
自我控制－儿童读物 Ⅳ. ①B842.6-49

中国版本图书馆CIP数据核字(2022)第151123号

著作权合同登记号：01-2022-0169

策划编辑　胡　怡
责任编辑　胡　怡
封面设计　黄　琳
版式设计　什　陆
责任校对　焦　宁
责任印制　马宇晨

出　　版　科学普及出版社
发　　行　中国科学技术出版社有限公司发行部
地　　址　北京市海淀区中关村南大街16号
邮　　编　100081
发行电话　010-62173865
传　　真　010-62173081
网　　址　http://www.cspbooks.com.cn

开　　本　889mm × 1194mm　1/24
字　　数　72千字
印　　张　3.5
版　　次　2023年8月第1版
印　　次　2023年8月第1次印刷
印　　刷　北京世纪恒宇印刷有限公司
书　　号　ISBN 978-7-110-10495-8 / B · 81
定　　价　69.00元

（写在最前面）

所有的情绪都很珍贵

这是一本教你如何与自己的情绪“交朋友”的书。我们把自己所能感受到的情绪画成了各种形象，并为之取名为“情绪角色”。在现实生活中，你能和自己的情绪“好好相处”吗？

我们有着让人感觉不错的情绪，如开心；也有着让人讨厌的情绪，如悲伤。为什么我们会有这些情绪呢？

其实，就算是令人讨厌的情绪也是有优点的。比如，我们的身体为了让我们规避危险而

产生了恐惧的情绪。

此外，**情绪也会影响你的未来。**为了更好的将来，人类怀有希望且为之而努力。但有时，也会出现就算努力了也无法实现梦想的情况，我们会因此感受到悲伤、懊悔、失落等情绪。

你可能会说："不要对未来抱有希望就好了！"**但如果对未来不抱有希望，那你将很难感受到高兴和幸福的情绪。**这样的话，你将会过着不太如意的生活。

所以，希望你不仅能拥有喜欢的情绪，也要接纳讨厌的情绪。令人讨厌的情绪也有好的一面，让人感觉不错的情绪也有不好的一面。**提前了解各种情绪的习性，这样，无论情绪如何，你都能去好好应对。**这就是所谓的"与自己的情绪交朋友"。

致家长

"心智"指的是一种推测并理解他人心理的能力。本书面向的是"心智"正在成长且变得越来越复杂的4~9岁的孩子们。社会生存在当下尤为重要，它指的是孩子和其他伙伴谈判，双方达成一致后互相合作的连续过程。然而处于这个年龄段的孩子们，往往无法按照自己的情绪行动。

那要怎么做呢？首先要了解自己的内心。孩子们要学会了解自己的内心有着怎样的情绪，这些情绪在什么时候会出现，要怎样做才能向他人传达自己的情绪，以及要如何应对消极的情绪。

其实，这些事情对大人们来说也并非易事。请家长务必和孩子一同阅读本书，一起探讨如何对待情绪的话题，如果这本书能成为家庭座谈会的讨论话题，笔者会感到非常开心。

情绪是什么？

人类有自己的情绪，动物也有自己的情绪。没有情绪的话，我们就像机器人一样了！但是，情绪是怎么回事呢？

情绪能让你明白自己想要什么，能让你感受到不同的心情，也能够让你做到凡事深思熟虑后再行动。

情绪是很难控制的，即使你只想感受到类似于幸福、高兴等让人感觉不错的情绪，但那些让人感觉不好的情绪也会冒出来，比如愤怒。你如果无法控制自己的情绪，可能会发生令人感到困扰的事情。

究竟这些情绪是如何产生的呢？这可能无

像机器人那样，我会变轻松？

法用科学常识来一下子解释清楚。实际上，在很久以前，**情绪就是人们生存的必要之物。**比如，人类为了吃得“开心”而狩猎；因“畏惧”恐怖的野兽而逃跑；野兽攻击人类，人类会因感到“愤怒”而进行反击。无论是哪种情绪，都是人类所必需的。

人类如果感受不到情绪，情况会变得很糟糕。假如感受不到幸福和快乐，人可能会变得什么都不想做，只想一动不动地待着了。

一个人如果没有情绪的话，是活不下去的！

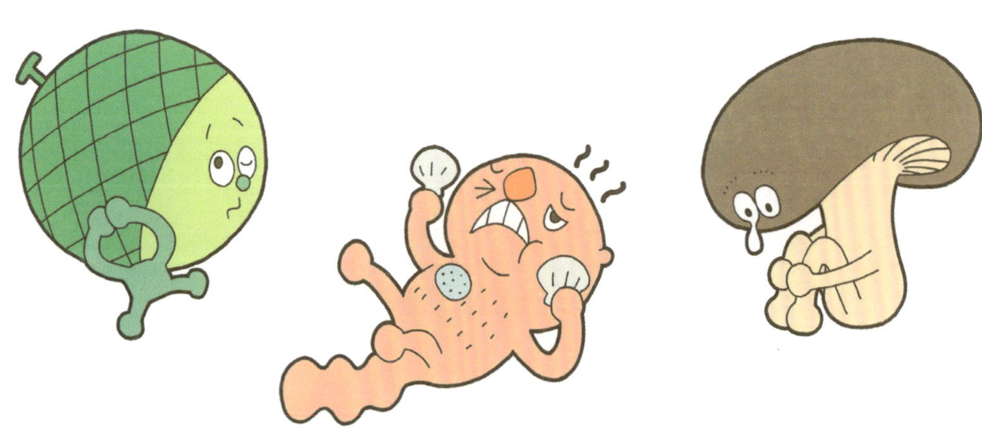

情绪“住”在哪里？

如果听到类似于“用手指指看，情绪住在哪里”的问题，你会指向哪里：胸口还是脑袋？

据科学研究表明，**情绪似乎和我们的大脑密切相关。**当你感到悲伤的时候，胸口会突然一紧；当你感到害羞的时候，心脏会怦怦地跳个不停。

实际上，大脑所感受到的情绪，也会使身体发生各种变化。尽管这些变化多种多样，但心脏周围的变化是最明显的。所以，大多数人认为“情绪住在心里”。

你所能感受到的情绪，其实和大脑有关！

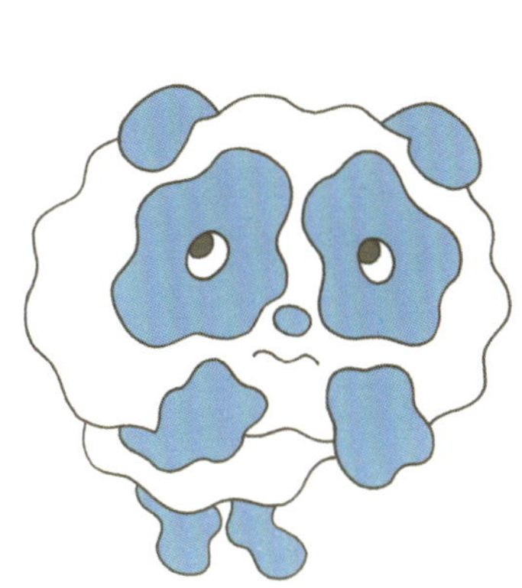

你知道情绪也会一点一点成长吗？其实，情绪和身体一样，也是会“成长”的。

刚出生不久的小婴儿好像只有“好”和“不好”两种情绪，等他长到 6~8 个月的时候，会逐渐萌生出“开心”“悲伤”“讨厌”“生气”“恐惧”等情绪。

不过，正读此书的你应该已经注意到，你其实已经拥有了各种各样的情绪！情绪越“长大”，**就会变得越复杂。**

你能说出几种情绪的名称呢？快来书中找一找吧！

情绪也会不断地“成长”。

目录

本书的使用方法

如果情绪能从你的心里走出来，它会是怎样的角色呢？

如果你能一边看这本书，一边思考出现各种情况时，你的情绪会是什么样的，那这本书就更能让你享受其中的乐趣哦！

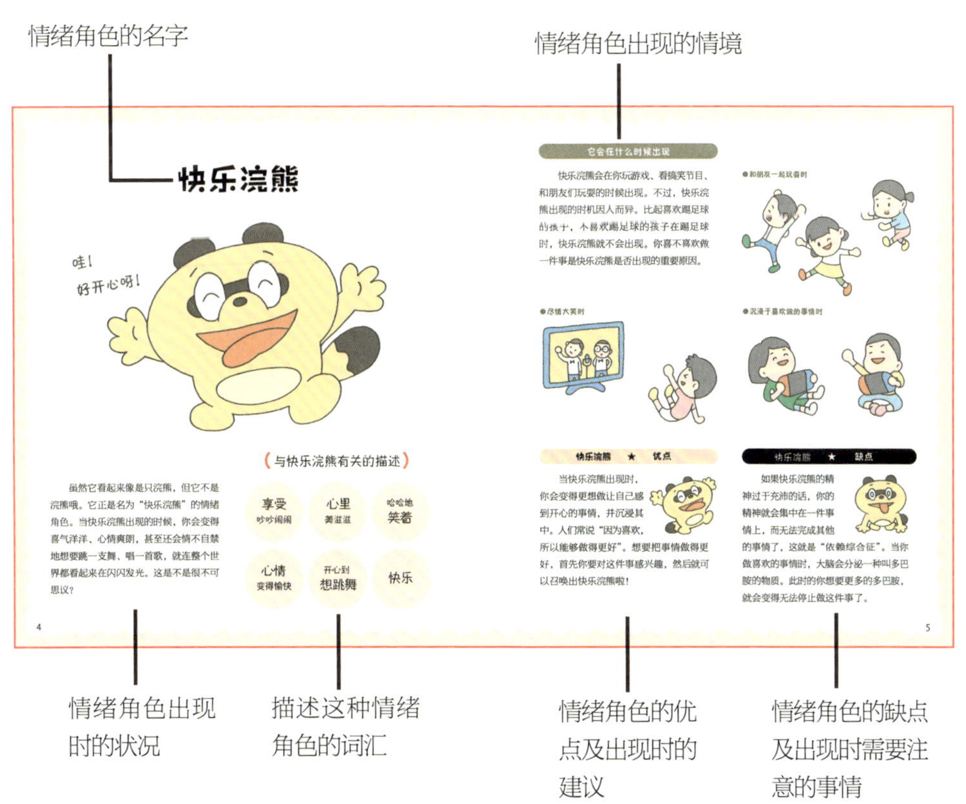

“住”在你心里的情绪

当你知道心里有哪些情绪，这些情绪什么时候会出现后，你就能更好地了解自己！

我们的心里“住”着各种各样的情绪，它们会以你想不到的形式出现。不同的情绪有着完全不同的形象，出现的时机也各不相同，但它们都有着很了不起的个性。

“我才不知道这些呢！”在你身边，应该也经常出现你并不是很了解的情绪。这些情绪正在努力让你了解它们哟！

情绪的种类实在是太多了，我们并不能全部都介绍到。不过，无论对谁来说，这些情绪都是很重要的存在！

快乐浣熊

虽然它看起来像是只浣熊，但它不是浣熊哦。它正是名为“快乐浣熊”的情绪角色。当快乐浣熊出现的时候，你会变得喜气洋洋、心情爽朗，甚至还会情不自禁地想要跳一支舞、唱一首歌，就连整个世界都看起来在闪闪发光。这是不是很不可思议？

（与快乐浣熊有关的描述）

享受
吵吵闹闹

心里
美滋滋

哈哈地
笑着

心情
变得愉快

开心到
想跳舞

快乐

它会在什么时候出现

快乐浣熊会在你玩游戏、看搞笑节目、和朋友们玩耍的时候出现。不过，快乐浣熊出现的时机因人而异。比起喜欢踢足球的孩子，不喜欢踢足球的孩子在踢足球时，快乐浣熊就不会出现。你喜不喜欢做一件事是快乐浣熊是否出现的重要原因。

●和朋友一起玩耍时

●尽情大笑时

●沉浸于喜欢做的事情时

快乐浣熊 ★ 优点

当快乐浣熊出现时，你会变得更想做让自己感到开心的事情，并沉浸其中。人们常说“因为喜欢，所以能够做得更好”。想要把事情做得更好，首先你要对这件事感兴趣，然后就可以召唤出快乐浣熊啦！

快乐浣熊 ★ 缺点

如果快乐浣熊的精神过于充沛的话，你的精神就会集中在一件事情上，而无法完成其他的事情了，这就是“依赖综合征”。当你做喜欢的事情时，大脑会分泌一种叫多巴胺的物质。此时的你想要更多的多巴胺，就会变得无法停止做这件事了。

生气鼬

生气鼬一旦出现，你的身体就会突然变热，呼吸也会变得急促起来，甚至还会忽视周围的情况。接着，你的脚步声会变得越来越大，你甚至想要大喊大叫。当生气鼬出现时，不同的人会做出不同的反应：有的人可能会对他人说出很过分的话，有的人可能会有过激的行为。

（与生气鼬有关的描述）

- 生气
- 压抑不住心中的怒火
- 怒气冲冲
- 感觉头上有火
- 变得冷酷
- 愤怒

它会在什么时候出现

当你特别努力地去做一件事，但却被打搅时，生气鼬就会出现。当你被人说了不好听的话，被家人或老师训斥了，被朋友背叛了，被喜欢的人说出类似于“一边去”的话时，生气鼬也会出现。

●弟弟妹妹搞破坏时

●明明不是自己的错，家人却责备你时

●和朋友发生矛盾时

生气鼬 ★ 优点

生气鼬并不是只有缺点。当你看到欺负人的孩子、乱扔垃圾的人时，生气鼬就会出现，你可能会因为感到生气而去制止他们。不仅如此，当看到有人破坏地球的环境时，正和生气鼬在一起的你如果可以为了保护环境而出面制止的话，这也算是生气鼬的功劳哦！

生气鼬 ★ 缺点

生气鼬的数量能在短时间内快速变多。倘若你的生气鼬撞到正在和你吵架的人，对方的心里也会生出许多的生气鼬。于是，双方就很难讲出“对不起”三个字了。想要打败生气鼬，就得在它变多之前，静下心来，和对方好好谈一谈。

伤心鱼

伤心鱼出现的时候，你的身体仿佛没有了力气。你会忍不住叹息，心脏像是被紧紧揪住，想叫却叫不出声。伤心鱼一旦出现了，可能很长一段时间都会待在你的身体里。因为伤心鱼不是出现在你身边的令人开心的情绪角色，所以不怎么受欢迎，但它也是我们很重要的情绪角色！

（与伤心鱼有关的描述）

- 胸口感到疼痛
- 心脏就像被紧紧揪住一样
- 止不住眼泪
- 眼泪吧嗒吧嗒地落下来
- 内心崩溃
- 伤心

它会在什么时候出现

伤心鱼会在你失去重要的人或物时出现，比如朋友搬走时、和某人吵架后分开时、无法实现当时所定下的开心的约定时。当你自己、家人、宠物受伤或生病时，伤心鱼也会出现。

●重要的东西坏掉时

●饲养的宠物死去时

●暑假的最后一天

伤心鱼 ★ 优点

本不想哭的你，由于伤心鱼的出现，大脑中“不要哭”的想法便消失不见了。随着眼泪的流出，大脑会分泌一种叫作血清素的安定物质，血清素能使你想哭的想法消失得一干二净。不怎么爱哭的人如果去看催泪电影，可能也会落下眼泪来，不过流泪之后，心情也会“放晴”呢！

伤心鱼 ★ 缺点

如果伤心鱼一直“住”在你心里的话，就会和可恨绵羊（见20页）、后悔风信子（见32页）合为一体，紧紧缠住你的心。接着，肾上腺素这种物质便会在你体内激增，进而演变成相关疾病。所以，在事情变糟糕之前，你先流出眼泪，让自己变得轻松起来吧！

厌恶紫薯

（与厌恶紫薯有关的描述）

嫌弃

无人理睬

没理由地
不喜欢

讨厌

生气

厌恶

厌恶，是当你看见、听见、触摸到讨厌的东西或是脏脏的东西时，让你起了一身鸡皮疙瘩，甚至哇哇想吐的情绪。想要逃离讨厌的事物；不禁皱起眉头；见到了不易相处的人；明明他还什么都没有做，你却认为这个人好讨厌……你的这些行为，都是因为厌恶紫薯哟！

它会在什么时候出现

厌恶紫薯会在你看到讨厌的东西、残酷的场面，闻到厌恶的味道，摸到恶心的东西，听到令人不悦的声音时出现。厌恶紫薯也会在你碰到不讲道理、狡猾、耍威风的人时出现。就连你只是想想讨厌的人、事或场面，它也会出现！

●看见可怕的虫子时

●看到一地垃圾时

●别人向你炫耀玩具时

厌恶紫薯 ★ 优点

早在很久很久以前，厌恶紫薯为了让人类避免用手触碰腐烂的食物和对身体不好的东西就已经很活跃地行动了。它想着用这种情绪使人们远离危险之物，其实是在保护你呢！如果你闻到了变质牛奶的味道而呕吐，那正是厌恶紫薯在感知危险呢。

厌恶紫薯 ★ 缺点

尽管我们周围能危及生命的危险已经比以前少多了，但也不能说厌恶紫薯是没用的情绪角色。要注意的是，如果这种情绪不是针对物品，而是针对人的话，性质可就变得不一样了。如果你遇见陌生人，厌恶紫薯恰好在这个时候出现了，你可千万不要让对方知道你对他的厌恶哦！

害怕雷达

与害怕雷达有关的描述

害怕雷达总是提心吊胆的。它习惯用雷达寻找逐渐靠近自己的危险，然后抓住危险的信号，迅速开启防卫系统来保护自己。虽然害怕雷达的害怕程度没有恐惧蟹（见 22 页）那么高，但也总会说着“危险”“不要”“想逃走”一类的话，并常常忐忑不安。

- 提心吊胆
- 畏首畏尾
- 产生恐惧感
- 两腿发软
- 忐忑不安
- 害怕

它会在什么时候出现

害怕雷达总会在你想要做些什么的时候出来露个面。一想着做某件事可能会惹人生气、讨厌，或是想起至今做不好、受过伤害的事情，你就会变得害怕起来。害怕雷达会和你那忐忑不安的心情一起出现，使你的内心七上八下。

●比赛前

●想主动和别人交朋友时

●在众人面前讲话时

害怕雷达 ★ 优点

害怕雷达一出现，你就会变得战战兢兢，这时候的你是不是看起来不太帅气？不过，害怕雷达也有好的一面哦！比如，你在平时注意个人卫生，或者是在过马路时重视交通安全，都是因为害怕雷达感知到了危险信号，想保护你的生命。“合理的害怕”也是很重要的！

害怕雷达 ★ 缺点

如果滥用害怕雷达的能力，你可能会变得难以看清事物的本质！明明是你能做好的事情，却会因为“反正我也做不好”“我这种人不行”等想法，而以失败告终。这种时候，你要下定决心，“咕咚”一下，把害怕的情绪咽下去！

惊吓猫

与惊吓猫有关的描述

惊吓猫会在你受到惊吓时，以迅雷不及掩耳之势突然出现。惊吓猫出现时，你的眼睛会变得圆溜溜的，你会情不自禁地张开嘴，哇哇地叫个不停，或是被吓得突然闭上眼睛和嘴巴。惊吓猫出现的速度快得惊人，它会突然出现，又会很快地消失。然后，你的脸上就会出现各种各样的表情哦!

- 吓破胆
- 眼睛变得圆溜溜
- 震惊
- 身体瘫软
- 目瞪口呆
- 惊吓

它会在什么时候出现

在你被预想之外的事情吓到时，惊吓猫会突然跳出来。比如，身后突然传来巨大的响声时，有人突然从背后吓你时，球从你的眼前飞过时……如果半夜接连不断地出现许多意料之外的事情，惊吓猫会变得比平时更忙。当你来到惊喜的生日会或得到意外的礼物时，惊吓猫也会开开心心地出现哦。

●中奖时

●淋浴喷头突然放出冷水时

●看到黑暗中有个怪影，但那其实是猫时

惊吓猫 ★ 优点

在生日当天收到惊喜，比起受到惊吓，你更多的则是感到开心。如果受到惊吓的原因并非是讨厌的事情，而是幸运、开心或者有趣的事情，你会很欢迎惊吓猫的出现。此外，也有人就喜欢拍摄或观看惊悚动画呢！

惊吓猫 ★ 缺点

如果惊吓猫以害怕的状态出现，那说明你受到了很大的惊吓。那时，你的身心会感受到很大的压力，可能会导致生病。因此，和别人开玩笑虽然开心，但你不要过度惊吓别人哦！

怨恨甲虫

与怨恨甲虫有关的描述

可恨

耿耿于怀

把某人当作眼中钉

强烈不满

隐忍不发

怨恨

怨恨甲虫是生气鼬的小伙伴，但和生气鼬相比，它出现的速度要慢很多。怨恨甲虫要等到生气鼬出现并形成一定规模的时候才会露面。如果此时你的内心还没有平静下来，怨恨甲虫就会让“不可原谅”的怒火一直燃烧着，难以熄灭。怨恨甲虫可是个很危险的家伙呢！

它会在什么时候出现

怨恨甲虫会在你碰到讨厌的事情或遭遇不友善的目光时慢慢现身。等生气鼬的怒火逐渐平息后，你的脑海里会接连涌现类似于“我才没错”“都是那个家伙的问题”等想法，此时就轮到怨恨甲虫出场了。但凡是生气鼬出现的情况下，怨恨甲虫就会一动不动地坐在那里，很难消失。

●朋友说“再也不和你玩了”时

●和朋友吵架，被老师责备时

●和弟弟吵架，但只有自己被妈妈斥责时

怨恨甲虫 ★ 优点

毕竟是怨恨甲虫，有它在，的确不会发生什么好事，它也没有什么优点。如果你怨恨某个人，先冷静思考一下：“自己绝对没有错吗？只有他做错了吗？”你在意识到自己也有错误后，怨恨甲虫就会自动消失。

怨恨甲虫 ★ 缺点

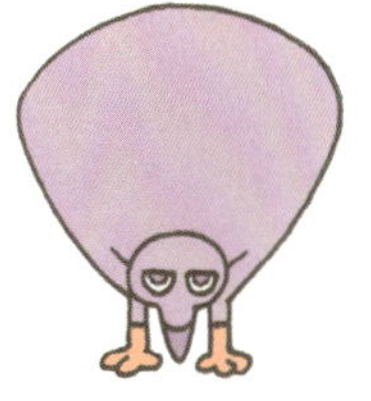

如果放任不管，怨恨甲虫就会越变越强；随之，你的大脑里用于作出正确判断的地方，也就无法正常工作了。这种时候你还反复怨恨的话，很容易失败。有一句俗语是“害人终害己”，说的就是因为怨恨别人而去伤害别人，自己也会再度遭遇不好的事情。

绝望晴天娃娃

绝望晴天娃娃的内心充斥着悲伤、失落和绝望，它被各种空虚和无趣所包围着，是一种经常会负面思考的情绪角色。绝望晴天娃娃出现的话，会把你体内的能量夺走，你就变得只会发呆了。此时的你，无论做什么，也提不起精神，甚至看不到希望。

与绝望晴天娃娃有关的描述

前途一片黑暗

不幸

没意思

力气耗尽

被击垮了

绝望

它会在什么时候出现

在碰到小的失败或期待落空时，你虽然会在表面上感叹“好绝望啊”，但其实心里并没有真的绝望。绝望晴天娃娃通常会在你因遭受重大伤害而无法很好地宽慰自己时，悄悄出现。

●在学校里被欺负时

●重大灾害发生时

●宠物患了重病时

绝望晴天娃娃 ★ 优点

和绝望晴天娃娃扯上关系的人，会变得看不到希望且找不到生存的意义。但这并不代表着你永远失去了这些东西，一旦你冲破了当时的困境，绝望晴天娃娃就会消失，而你也会变得积极阳光起来！

绝望晴天娃娃 ★ 缺点

被绝望晴天娃娃缠住的话，你可能会得一种叫作“抑郁症”的病，睡也睡不着，吃也吃不下，无论做什么都感觉不开心。你会变得不愿意和他人说话，只想着赶快从这个世界消失。在出现这些情况之前，你要尽快向周围的人发出“救救我”的信号，倾诉你的不开心，必要时可以去找心理医生帮忙。

可恨绵羊

当别人做了令你讨厌的事情时，可恨绵羊会在生气鼬之后现身。可恨绵羊的口头禅是“最讨厌你了”“绝对不能原谅你”。乍一看，可恨绵羊和怨恨甲虫有点相似，但其实，它和憧憬鱼（见48页）的关系很好。“爱之深，恨之切”这句话用在可恨绵羊身上再合适不过，它说的是一旦被自己所信任的人背叛，这份信任就会转变为怨恨！

与可恨绵羊有关的描述

讨厌　令人不快　讨人嫌

恼火　无法忍受　叹气

它会在什么时候出现

可恨绵羊经常会在你与家人、朋友以及喜欢的人吵架时出现。你之前怀有的“我明明是如此的喜欢你，为了你可以做任何事情”的想法在此时非常容易摇身一变，变成“怨恨”。

●还回来的书被弄脏时

●别人嘲笑你时

●被心爱的宠物咬伤时

可恨绵羊 ★ 优点

可恨绵羊认为，可恨的是偷盗、犯罪等不太好的事情，而并非做这件事情的人，这叫作“恨罪不恨人”。如果你愿意和可恨绵羊一起行动，认清世上的罪恶，那将是件很了不起的事情！

可恨绵羊 ★ 缺点

可恨绵羊是具有攻击性的情绪角色。如果你将自己的恨意和痛苦强加于对方，抱怨对方，攻击对方，都可能会使对方受伤。比如在网上写恶评、疯狂跟踪某人，这些都是恐怖的行为。

恐惧蟹

当你见到恐怖的事物时，恐惧蟹就会出现。明明天气不热，你却不停地冒汗，手变得冰凉，喉咙很干……这些行为都是你的身体为了逃离可怕的事物而做出的反应。不过，这个事物过于恐怖的话，你可能就直接无法动弹了。

与恐惧蟹有关的描述

- 冒汗
- 哆哆嗦嗦
- 面如土色
- 毛骨悚然
- 大惊失色
- 恐惧

它会在什么时候出现

恐惧蟹会在危险逼近时迅速出现，比如快被车撞到时，在黑暗中感知到野兽的气息时等。哪怕是人为制造出来的恐怖，恐惧蟹也会出现，比如看恐怖电影时。还有，害怕蛇的孩子，在看到蛇的时候，会“哇——”地叫出来，这也是恐惧蟹的所作所为。

●快被车撞到时

●电影中有恐怖情节时

●半夜去上厕所，听到奇怪的声音时

恐惧蟹 ★ 优点

在古代，恐惧蟹比现在要活跃得多。当你遇到危险事物时，恐惧蟹会做出“快逃”“战斗吧”等行为，来保护你的生命。当你身处看似危险的场景，但知道自己是绝对安全时，你就能同时感受到恐惧与快乐两种情绪！比如你在玩过山车的时候，就是一件让人恐惧又快乐的事情！

恐惧蟹 ★ 缺点

恐惧蟹一旦变得过于强大，那将会十分恐怖，以至于出现意想不到的“恐慌”。比如在火灾事故中，有人会因过于恐惧而双腿发软，没能从火灾中逃离，最终遇难。另外，只要有一个人开始恐慌，这种不好的氛围就会蔓延。这样的话，大家就很容易面临危险。

高兴豹

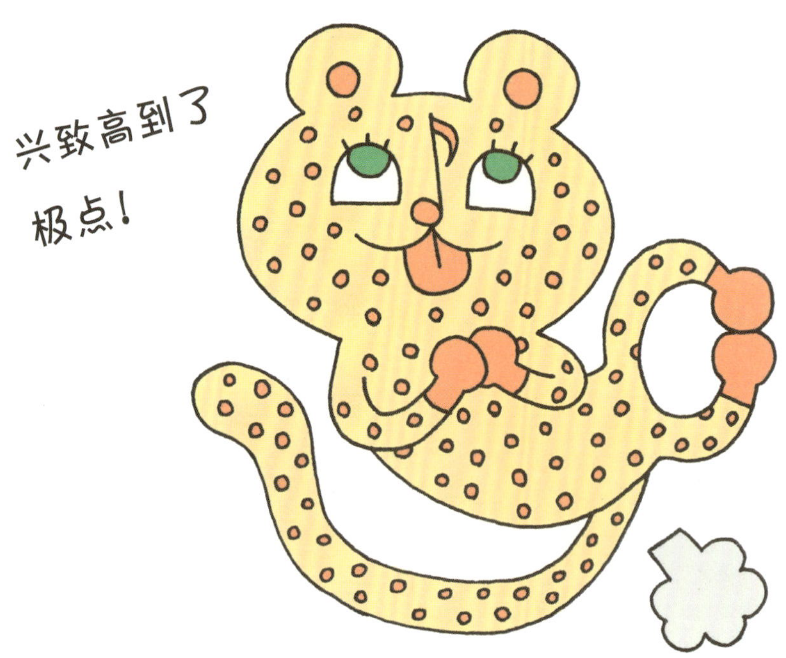

当“想成为这样的人”“如果发生这样的事就好了”等想法成了真，你得到满足时，高兴豹就出现了。当高兴豹出现的时候，世界仿佛突然变成玫瑰色，你的心脏会跳个不停，喜悦之情溢于言表，你还会情不自禁地笑出声，甚至喜极而泣！

（与高兴豹有关的描述）

- 兴致很高
- 喜不自禁
- 兴高采烈
- 情绪高涨
- 心情大好
- 高兴

它会在什么时候出现

当你被他人称赞、吃到了好吃的食物、得到了想要的东西、见到了想见的人时，高兴豹就会出现。如果“想做这件事”“成为那样的人就好了”等想法变得强烈的话，高兴豹就会在你还没有意识到这件事能够实现的时候，渐渐变大。

●考到 100 分时

●见到最喜欢的叔叔时

●拆到自己喜欢的礼物时

高兴豹 ★ 优点

努力练习赢得了比赛，努力学习取得了不错的分数，这些事情都会让人感到很高兴呢！不仅如此，被人夸赞、得到奖赏也会让人感到更高兴。所以，你想要和高兴豹交朋友的话，尝试在各方面努力吧！

高兴豹 ★ 缺点

高兴豹的出现一般不会给人造成困扰。经常说着“好高兴”，眼睛笑眯眯的人总会受到他人喜欢。不过，需要注意的是，高兴豹不出现时，说明你的内心感到了疲惫。碰到这种情况，吃点好吃的食物，好好休息一下，再把高兴豹召唤出来吧！

害羞狮

（与害羞狮有关的描述）

害羞狮是一头不怎么硬气但心思十分细腻的狮子。一旦自己的缺点或失败的经历被别人知道了，你就会心跳加速，脸还会红起来。此时，害羞狮就会出现。然后你就会有“好想赶快消失啊”“如果面前有个洞，我都想直接钻进去了”等想法，感到无地自容。

无地自容　面红耳赤　脸上火辣辣的

扭扭捏捏　没脸见人　害羞

它会在什么时候出现

当想着“不这样不行”“一般都会这样做”时，那反而容易做不到了！比如在讨论会上，你没有给出令人满意的结果；你顶着一头没来得及打理、乱糟糟的头发踏入学校……在这些情况下，害羞狮都会出现！

●在比赛中摔倒时

●被别人听见唱歌跑调时

●被人嘲笑穿反裤子时

害羞狮 ★ 优点

害羞狮一旦出现，就算当时的氛围再欢快，事后这件事也会变成大家的笑谈。尽管如此，在各种讨论会、运动会上失败的害羞狮，其实并没有那么糟糕。只要你想着“下次一定要更努力”，使这次的失败变成你努力的契机就好啦！

害羞狮 ★ 缺点

心里容易出现害羞狮的人，经常会和别人去作对比，想着“自己不行”之类的话。如果害羞狮出现的次数过于频繁，大脑就会告诉你：“你好丢脸啊，没用的家伙！”然后你就会变得不想努力了。其实，和别人作对比是没有必要的。

找借口宝宝

与找借口宝宝有关的描述

辩解

强词夺理

你说东，它偏说西

插嘴

喋喋不休

找借口

找借口宝宝乍一看很是可爱，但它可是个麻烦的角色哦！如果别人说了它什么，它总会用“但是”“因为”等词来反驳别人。找借口宝宝不好好地听别人说话，而总是说着“我没错”并一味地向他人传达自己认为正确的观点。其实，它也会反思自己的问题，但还是会下意识地找借口，说出“因为”这个词。

它会在什么时候出现

当你没有自信时，找借口宝宝就会出现了。当你被别人提建议或训斥时，内心就会受伤，感觉自己的一切都被人否定了。为了保护自己受伤的心灵，你的嘴里就会冒出“因为”“但是”等词汇。如果你很有自信的话，就算别人说出这样的话，找借口宝宝也不会出现。

●被妈妈催促“快点写作业”时

●玩不了单杠，被嘲笑时

●被不熟的朋友借钱时

找借口宝宝  优点

找借口宝宝经常会伴随着“因为”“但是”等口头禅一起出现，虽然你很想说出这些词，但要稍微忍耐下哦！你可以用“这样啊”“明白啦”来代替“因为”“但是”。不过，如果你说的是大家想听的事情，就算你说出了“但是”，大家也会继续听你说话的。

找借口宝宝  缺点

总是听你说“因为”“但是”的人，会因为你不听他说话而感到烦躁，然后就不会给你建议了，也变得不再信任你。渐渐地，你和其他人相处起来也会变得不太顺利。你反思一下自己的言行，也是一件很重要的事情！

失望花菜

失望花菜总是很悲伤，提不起精神。它常是一副快要倒下、垂头丧气的样子。当你因快乐的事情消失或期待落空而叹气时，失望花菜就出现了。失望花菜的愿望很简单，它只是希望有人能在这种时候听它说说话，安慰安慰它。

与失望花菜有关的描述

失落　无精打采　垂头丧气

低着头　没精神　失望

它会在什么时候出现

当你认为一件事“没有任何问题”，但事情却并没有按照你所想的方向发展时，失望花菜就会出现。比如，你输掉了信心满满的比赛或者本应收到的礼物却没收到时。如果你想的是“都是那家伙的错”，生气鼬就会出现；如果你想的是“都是我的问题”，失望花菜就会出现了！

●期待已久的郊游计划“泡汤”时

●努力奔跑却还是赶不上公交车时

●没被选为接力赛成员时

失望花菜 ★ 优点

虽说只要不期待，失望花菜就不会出现，可人们总是会在无意中期待着各种各样的事情。倘若失望花菜出现了，要尽快找人说说你的心事，这样你就能变得轻松些。然后，你还要告诉自己：“失落的话，可就变得不像自己了，下次再期待就好了。”

失望花菜 ★ 缺点

失望并非是件坏事，但如果一直处于失望的状态的话，你就会想着“自己是不是有问题”“他是不是有错”，然后便开始在心里寻找令自己失望的罪魁祸首。那样的话，生气鼬和后悔风信子（见 32 页）就会出来大闹一场了。

后悔风信子

（与后悔风信子有关的描述）

咬牙切齿　懊恼　无可奈何

难以忍受　错过时机　后悔

后悔风信子总是一边说着“如果做了那件事就好了”“如果没做那件事就好了”的话，一边挠头发，甚至悔恨得直跺脚。当你失败了才想到要去做这件事时，就已经晚了，而且无法重新开始，后悔风信子通常会在这种时候出现。时光机这种能使时间倒流的工具，大概也只有在梦里才能用一用了。

它会在什么时候出现

摔碎了心爱的杯子、一不小心出了错、和朋友吵架、参加的讨论会进展不顺利……这些状况都会让你在晚上进入被窝后想着“不应该说那样的话”“如果再多练习练习就好了”。这时候，后悔风信子就出现了。不过，就算后悔风信子再怎么失望，时间也不能倒流哦！

●为了表现自己，做了危险的事而受伤时

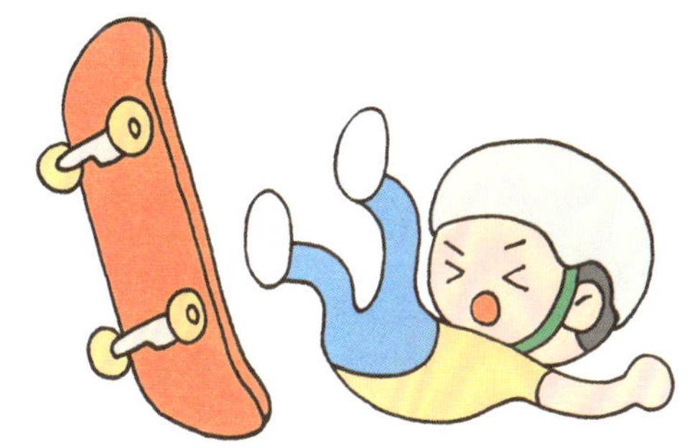

●你没有中奖时

●心爱的东西被扔掉时

后悔风信子 ★ 优点

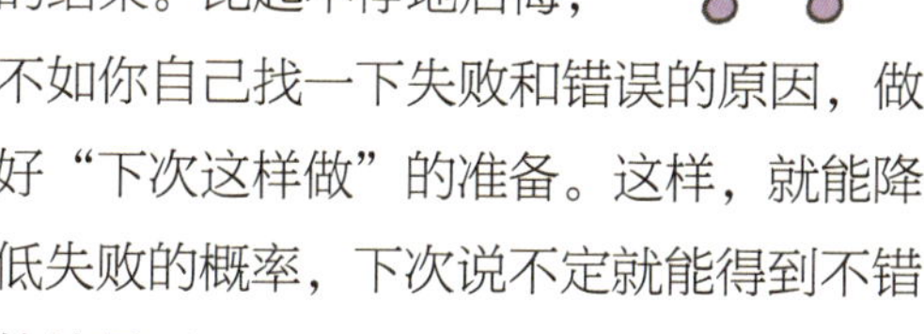

一直纠结于“如果那时不这么做”“如果那时这样做”，你也无法改变当下的结果。比起不停地后悔，不如你自己找一下失败和错误的原因，做好“下次这样做”的准备。这样，就能降低失败的概率，下次说不定就能得到不错的结果了！

后悔风信子 ★ 缺点

如果你总是持续地想着失败这件事，就会为后悔风信子提供了沃土，而失败的记忆也会变成心里的伤疤，最终成了心理阴影！一旦有了心理阴影，等到下次再做这件事的时候，你心里就会变得乱糟糟的，身体也不愿行动，很可能会导致再次失败。

自暴自弃草

自暴自弃草生长在生气鼬、伤心鱼和失望花菜周围，是个消极的情绪角色。当它一出现，你就会变得“做什么都无所谓了”，会理所当然地搞破坏、暴饮暴食、放声大哭。虽然口中说着“别管我”，但你还是希望能有人来帮帮你。

（与自暴自弃草有关的描述）

- 不考虑后果
- 顾前不顾后
- 破罐子破摔
- 自我放弃
- 一不做二不休
- 自暴自弃

它会在什么时候出现

当你遭遇重大挫折时，遇到讨厌的事时，明明努力了却得不到好结果时，被逼到绝境时，自暴自弃草就会出现了。当周围安静下来，你开始萌生“只有自己不走运”“为什么总是做不好”的想法时，自暴自弃草也会萌芽。这时，你会很容易感到困倦或饥饿。

●以为会被表扬，却受到批评时

●无论多努力都无法胜利时

●暑假最后一天没做完作业时

自暴自弃草 ★ 优点

就算自暴自弃草长了出来，它也不能对人或物发火。因此，当你觉得自己无论如何都做不好时，试试抱着“一不做二不休”的想法去挑战它，你或许就会成功了！如果你身边发生了意想不到的幸运之事，自暴自弃草也就会消失了。

自暴自弃草 ★ 缺点

一旦被自暴自弃草包围住，你就会想着“做什么都无所谓了”而故意去做一些危险的事情，比如暴饮暴食或熬夜。如果这种情况持续下去的话，不仅你的身体状况会变差，而且会增加你和朋友、家人吵架的频率，你可能会变得更加无法从容地面对各种事情。

自豪薯条

(与自豪薯条有关的描述)

自豪薯条很清楚自己的优点，并且十分重视自己的优点，所以就算被别人嘲笑，自豪薯条也不会认为“自己是个没用的人”，更不会因此而消沉下去。无论周围的人怎么想，自豪薯条也会去做自己认为正确的事情。自豪薯条可是个很帅气的家伙呢！

自尊心强

充满自信

不随波逐流

不讨好别人

坚持信念

自豪

它会在什么时候出现

那些不随波逐流，坚持做自己认为正确的事情的人，他们身边经常会出现自豪薯条的身影。就算朋友们说着“一起偷懒吧”，他们的脑海中也会响起自豪薯条说“不行”的声音。当你的努力被人夸赞时，总觉得有些不好意思，这就是自豪薯条“住”在你心里的证据！

●努力做事，得到了表扬

●帮助有需要的人时

●无论何时，都不偷懒

自豪薯条 ★ 优点

心里“住”着自豪薯条的人，往往都会对自己的性格和能力十分自信，所以他们并不会与别人比较学习的成绩、穿衣打扮等，也不会骄傲自大，不会嘲笑别人，更不会以“自己不行”为理由来欺负他人。他们是爽朗的“正义伙伴”，被大家深深信赖着。

自豪薯条 ★ 缺点

有些人的自豪薯条长得高高大大，有些人的自豪薯条长得细细小小。无论是怎样的自豪薯条，对于它的主人来说，都应当是十分珍贵的宝物。但是，一些并没有高大的自豪薯条的人，为了能让自己看起来更加强大，会说一些自大的话，甚至不惜说谎。

幸灾乐祸鸟

幸灾乐祸鸟是一只令人讨厌的鸟，它总会说自己讨厌的人的坏话，把他人的不幸与痛苦视为自己的快乐。虽然人们并不希望别人知道自己心里有着一只坏心眼儿的鸟，但很多人的心里可能都“住”着一只幸灾乐祸鸟。

（与幸灾乐祸鸟有关的描述）

- 罪有应得
- 感觉很痛快
- 领会到了吗
- 快乐建立在别人的痛苦上
- 看不起别人
- 幸灾乐祸

它会在什么时候出现

当自命清高的人、炫耀自己的人在遭遇不幸时，幸灾乐祸鸟就会出现了。当自己讨厌的人在遭受痛苦时，幸灾乐祸鸟会感到很开心。另外，假如你抓住了小偷，也会感觉很痛快呢！

●看到对手失败时

●说自己讨厌的人的坏话时

●看到别人的衣服被弄脏时

幸灾乐祸鸟 ★ 优点

所有人的心里都有一只幸灾乐祸鸟，但是大家都赶不走它。通常，你觉得不如你的那个人，总是比你过得“好”。与其等待那个人的不幸，不如自己努力变得更“好”，你这样的行为才帅气！

幸灾乐祸鸟 ★ 缺点

你的心里可能也存在着很坏的幸灾乐祸鸟。为了不被老师发现，不被当事人注意到，它可是个会悄悄欺负人并偷着乐的家伙。虽然你可能会想着“我才不会幸灾乐祸呐”，但也要小心幸灾乐祸鸟悄悄在你心里安家哟！

孤单蘑菇

与孤单蘑菇有关的描述

孤独

抱住自己的膝盖

想和别人待在一起

没有立足之地

孤身一人

孤单

孤单蘑菇会在你独自待着、内心不安的时候，静悄悄地冒出头来。孤单蘑菇出现后，你会觉得心里像是突然被凿开了一个洞，空荡荡的，想要叹气，甚至也会情不自禁地流出眼泪。这都是因为孤单蘑菇在你心里大喊着“快点来我这里”“在我身边待着吧”，你才会这样。

它会在什么时候出现

本应出现在这里的人或物，却没出现在这里，你会为此而感到伤心，这时，孤单蘑菇就萌生出来了。独自一人看家；好朋友生病了，请假没来学校；因为搬家而更换了学校，要认识新朋友……每到这种时候，孤单蘑菇就会出现。孤单蘑菇大多会在你独自待着的时候出现，不过有时也会在你和朋友们一起玩耍的时候出现。

●自己一个人在家时

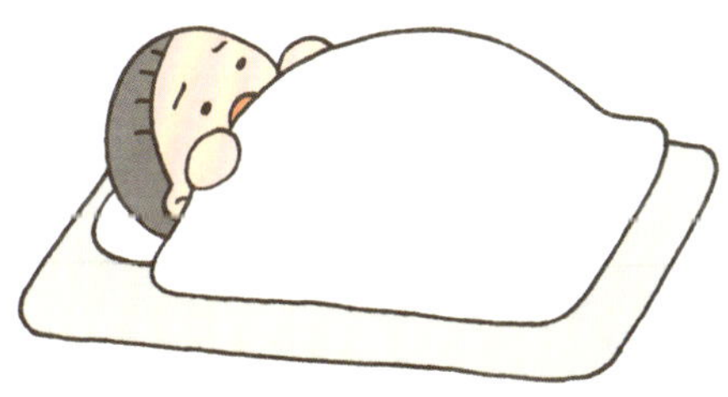

●在新的学校还没交到好朋友时

●和家人吵架时

孤单蘑菇 ★ 优点

孤单蘑菇的出现并非是坏事。孤单蘑菇之所以出现，是因为你很珍视不在这里的人或物。所以，既然注意到这些人或物对你的重要性了，你就要学会更加重视他们哦！至于那些就算努力也取不回来的物件，那你就去找一找和它同等重要之物吧！

孤单蘑菇 ★ 缺点

你将孤单蘑菇藏在心里，假装精力充沛可不是件什么好事。这么做的话，孤单蘑菇的个数会越变越多。如果孤单蘑菇持续存在的话，它会对你的心脏施加压力，你将变得容易生病。碰到这种情况，要赶快去找人说说你心里的感受！哪怕只是稍微聊几句，你心中的孤单感也能缓和一点。

麻烦犀牛

（与麻烦犀牛有关的描述）

慢吞吞　没干劲儿　不爱动

懒懒散散　磨磨蹭蹭　麻烦

麻烦犀牛因为身体又大又重，所以不怎么喜欢动弹，是一头懒犀牛。如果麻烦犀牛出现，不仅是别人拜托的事情，就连你每天必须要做的洗澡、刷牙和写作业，也变得不想做了。如果总是懒懒散散，持着“总会解决”的想法，那么到时候感到困扰的可就只有你自己了。

它会在什么时候出现

当你不想做一件事而不得不去做时，当你需要花很长时间做不擅长的事时，又或者你有其他想做的事时，麻烦犀牛就会慢吞吞地出现。虽然麻烦犀牛是一头总出没在人身边的懒犀牛，但当你因为许多不得不做的事情而感到身心俱疲时，它也会出现。

●写不出作文时

●妈妈让你收拾下房间时

●暑假还要早起时

麻烦犀牛 ★ 优点

心里总有一头滚来滚去的麻烦犀牛的人会被说成是“懒人”或“吊儿郎当”。不过，他可能本身是个豁达的人，只是不太愿意和别人作对比罢了。其实，因为麻烦犀牛的存在，世界上也诞生出了许多便利的工具。为了让麻烦事变轻松，还是需要费一番功夫的。

麻烦犀牛 ★ 缺点

如果麻烦犀牛越来越多的话，大人们可能会抛下家务活，不去工作，那么世界就要乱成一团了。当你长大成人之后，麻烦犀牛并不会消失，对大人们来说，就算对一些事感到麻烦，也得努力去做。所以说，你要拿出干劲来对付麻烦犀牛！

不安熊猫

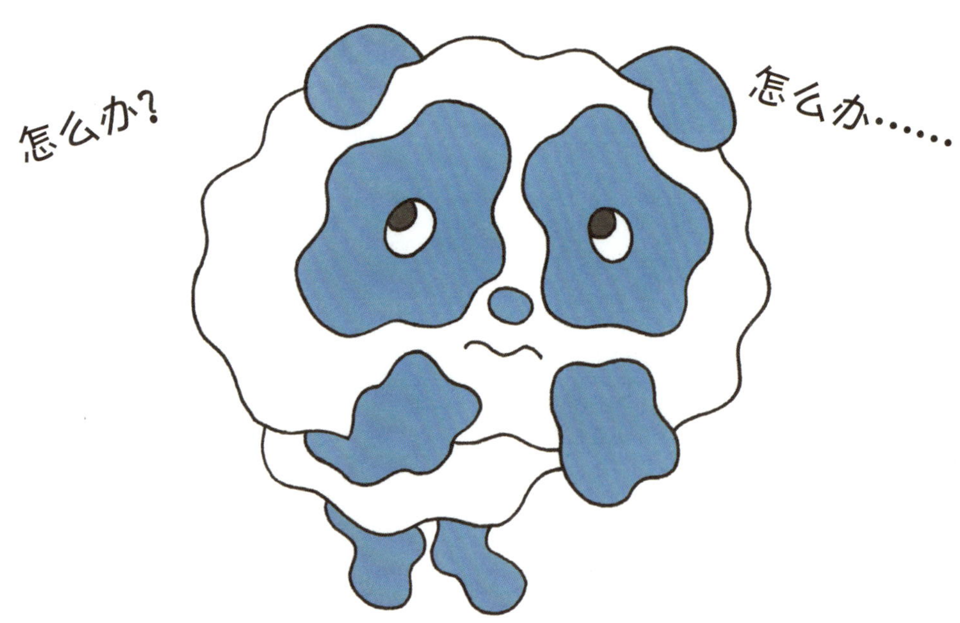

与不安熊猫有关的描述

心惊胆战

不好的预感

心里没底

担心

有所顾虑

不安

不安熊猫是一只时刻担心坏事要发生的熊猫。它会因为想着“可能会发生恐怖的事情”“可能会吃苦头”等不太好的未来而害怕着。不安熊猫总是容易心跳加快，手脚颤抖，就连声音也都是颤抖着的，因此常常会被别人问：“你怎么了？怎么脸色铁青呢？”

它会在什么时候出现

不安熊猫经常在你独处的时候出现。你如果放任不管这种心情的话，不安熊猫的个头会越变越大。其实不好的事情和危险并不会来临，但你心里一旦充斥着太多不安的情绪，身体就会动弹不得，真是让人感到困扰。

●独自在家时

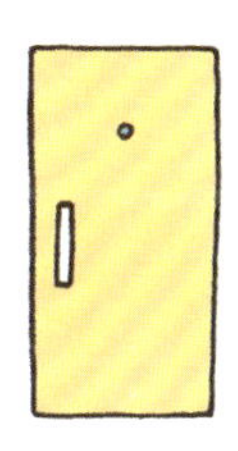

●看到某地发生地震的消息时

●想到人终会老去时

不安熊猫 ★ 优点

不安熊猫之所以会出现，是因为你无法知晓未来会发生什么。你可以试着在感到不安时，想一想是为何而感到不安的。比如说，你担心考试成绩不理想的话，那就努力学习，为考试做好准备，不安熊猫也就会变小了。提前做好准备，就算将来会发生不好的事情，你也能躲避开。

不安熊猫 ★ 缺点

如果不安熊猫的体型变得过大，可能就会变身成为恐惧蟹。明明什么都还没有发生，却总觉得危险近在眼前，那种感觉非常可怕。一旦恐惧蟹引发了恐慌，就难以顾及其他事情了！

安心狗

与安心狗有关的描述

安心狗一出现，你就像是被一块软软的面包包住一样。如果你抱一抱它的话，它会不假思索地先呼一口气，然后你的不安、紧张、担心和恐惧就会“嗖——”地一下子都消失了。等到心里的不安转换为“太好了”“已经没事了”“被保护着呢”等开心的心情后，你会感到眼前一亮。

- 松了一口气
- 如释重负
- 心情舒畅
- 心情轻松
- 绝处逢生
- 安心

它会在什么时候出现

安心狗总会在你心跳加速、起一身鸡皮疙瘩、倍感不安后出现。比如，可怕的东西从你眼前消失；你顺利完成了之前觉得很担心的事情；本以为只有你自己的地方，发现了朋友的身影；刚打完预防针；差点就要迟到，但没有迟到……安心狗就会在这些情况下出现！

●你的演出很精彩时

●正好赶上公交车时

●和家人诉说烦恼时

安心狗 ★ 优点

如果安心狗一直都在你心里，你只需想着"自己会被保护得很好，没关系"，那么很多事情都会很顺利地完成！只要活着，人就会有数不清的烦恼和要担心的事情。类似于安心狗这样，总是温柔地听别人说话，用笑容鼓励着他人的人很受大家的欢迎。

安心狗 ★ 缺点

一旦和人进行交往，我们身体里令人不安的感觉就会减少。和朋友在一起，安心狗会很有精神。在一个温暖的集体中，你会想着"和大家在一起，就能感到很安心"。不过，需要注意的是，倘若以后不在这个集体里了，你可能会感到更加不安。

憧憬鱼

当眼前出现“好厉害”“好帅气”“好棒”的事物时，憧憬鱼会兴奋不已，变得十分精神。那是因为它想要做些事情，以此来接近自己所憧憬的人或物。童年时，你总是会好奇地四处张望，但长大后，就不会对世界那么好奇了。

（与憧憬鱼有关的描述）

沉浸其中

迷恋

尊重

向往

尊敬

憧憬

它会在什么时候出现

憧憬鱼会在你对身边的人、明星、运动员、主播、动画角色等有“好帅气”“好可爱”“好厉害”的想法时迅速出现。当你发现非常想要的物品、想做的事情、想做的职业、想去的地方时，憧憬鱼也会出现。

●看见大展身手的运动员时

●看见酷酷的汽车、轻轨电车、飞机时

●看到穿着华丽服装的人时

憧憬鱼 ★ 优点

你憧憬着和优秀的人进入同一支运动队，做着同样的事情，是很不错的哦！你会为之而努力，通过学习而慢慢成长。你无法变成“他”，但如果以超越那个优秀的人为目标的话，你会成长为更加优秀的人。

憧憬鱼 ★ 缺点

憧憬鱼会向着比自己更厉害的人游过去。若此时憧憬鱼的身上还有着“好嫉妒”“好狡猾”的想法，憧憬之情就会转变为嫉妒、怨恨等情绪。这样有可能会打扰到你尊敬的人，所以要多加注意！

别扭蝌蚪

(与别扭蝌蚪有关的描述)

性情乖僻　故意作对　倔强

不讲道理　死心眼儿　别扭

别扭蝌蚪是一条和大家走散的蝌蚪。大家往左走时，它偏要往右；大家往右走时，它偏要往左。其实它偏要选择和大家相反的一边，不过是因为倔强罢了。别扭蝌蚪往往会被大家当成“大麻烦”来对待，其实它只是只容易感到寂寞、受伤的蝌蚪罢了。所以，它会在自己受伤前，先去伤害别人。

它会在什么时候出现

别扭蝌蚪会故意欺负喜欢的人，它其实是为了隐藏自己的真实情感，才这么做的！如果对方知晓了自己的心意，它可能会感到受伤。当你想说却说不出自己的真心话，却又不知道“要怎么办才能把心里话说出口”时，别扭蝌蚪就会出来做一些你明知道“不能做”的事情了。

●正打算写作业却被妈妈质疑偷懒时

●和同学搭话，对方却很冷漠时

●当融不进大家的圈子时

别扭蝌蚪 ★ 优点

别扭蝌蚪会在大家说“好”的时候，说出“不好”来。但当它一听到大家说“做不到”“不行”时，反而会干劲十足，然后就会去挑战一些困难的事情，还能得到不错的结果。无论你是否与他人在一起，也应该保持住自我哟！

别扭蝌蚪 ★ 缺点

有的人明明想被别人喜欢，却说不出来“喜欢我吧”。所以，别人在被你讨厌之前，会先和你说“我讨厌你”的。不过，如果你不善待他人，别人也不会善待你；你不喜欢别人，自然也就无法受到别人的喜欢了。

不错蜂

与不错蜂有关的描述

当你想着“真好吃”“心情不错”“这个东西不错呀”时，不错蜂就会“嗡”的一声飞出来了。每当不错蜂一出现，生气鼬、孤单蘑菇和不安熊猫就会消失，你就可以瞬间开启幸福的时光了。那时候你的干劲会噌噌地往上涨，就连周围人的心情也会因为你变得开心起来。

- 喜悦
- 味道很好
- 发出好听的声音
- 手感不错
- 肉眼可见的开心
- 感觉不错

它会在什么时候出现

当你的眼睛、耳朵、鼻子、嘴巴和皮肤感觉到“这个不错”“超喜欢”时，不错蜂就会飞出来啦！比如，当你吃着喜欢的食物，喝着喜欢的饮料，听着喜欢的音乐，摸着毛茸茸的玩偶或宠物，运动后冲了个热水澡，或者躺进被窝里时，不错蜂就会出现了。

●夏天，从炎热的室外进入舒服的空调房时

●吃最喜欢的食物时

●被家人夸奖“真厉害”时

不错蜂 ★ 优点

不错蜂会使你的大脑分泌出一种让人感到幸福的物质——催产素。当你吃着能让人感到幸福的食物，听着使人感到愉悦的音乐时，就算是再艰难的日子，你也能精神倍增。如果你能掌控好自己的情绪，你的不错蜂就会出现，你的人生也会变得很幸福！

不错蜂 ★ 缺点

你可能希望一直感觉不错，但如果只是这样的话，人是无法成长起来的。所以，有时你也要甩开不错蜂，就算不喜欢也要努力做好这件事。另外，如果因为自己“感觉不错”而用很大的声音放音乐的话，周围的人会感到不快的。你千万不能只顾自己“感觉不错”哟！

放弃蜜瓜

与放弃蜜瓜有关的描述

当你想着“虽然我努力了，但是感觉做不完”“我很想要这个，但妈妈不会给我买”的时候，放弃蜜瓜就会出场了。“没错，因为做不到才是放弃蜜瓜”，是放弃蜜瓜的口头禅。那你是按照放弃蜜瓜所说的放弃还是再努力一下呢？人们总会因为这种事情而感到烦恼。

束手无策

毫无办法

无药可救

不抱希望

黔驴技穷

放弃

它会在什么时候出现

当自己没有吃到想吃的食物，没有买到想要的物品，明明有想做的事情却无法去做，别人不准许自己做什么事情时，放弃蜜瓜就会出现了。当你努力地学习技艺却总是学不会时，放弃蜜瓜也会慢悠悠地出来。然而，在你做着比如作业等你不想做的事情时，放弃蜜瓜总会很快地露面。

●想养猫，家里人却说不行时

●怎么努力也学不会某种技艺时

●做不完作业时

放弃蜜瓜 ★ 优点

放弃蜜瓜的身边，总会跟着一个和它相反的情绪角色——坚持香蕉。坚持香蕉总会在放弃蜜瓜身旁说着："你不能放弃啊！" 不过，有时候放弃反而是正确的，如果你一直做着难以做到的事情会积攒压力的。你立下目标重新来过或者换种做法试一试，也是种不错的方式！

放弃蜜瓜 ★ 缺点

人们往往被很小的事情所打倒，很快说出"做不到"。但是，你很快就说做不到的话，是没办法实现梦想的。如果一直保持着遇到事情就放弃的习惯，你就总会想着"反正我也做不到""总是没好事"，那样的话，就连快乐的情绪也会离你而去的！

急躁海獭

急躁海獭是一只因为做不好事而感觉很烦躁的海獭。它一旦急躁起来，做起事情就会变得更加不顺利，然后它就会愁眉苦脸，连连叹气，甚至忍不住抖起腿来，还可能会把关系好的生气鼬也一起带过来。想让急躁海獭冷静下来的话，你可以慢慢地深吸一口气，急躁的情绪就能缓解许多！

（与急躁海獭有关的描述）

不满　心烦意乱　不安

郁闷不快　闹情绪　急躁

它会在什么时候出现

当你想要做的事情被阻止时，急躁海獭就出现了。此外，像每天出门慢跑、每天打 1 小时游戏等你所决定好要做的事情，因某些原因无法去做时，急躁海獭也会出现。比如下雨、旅行时忘记带游戏机，使得做好的计划全盘泡汤，这种时候就会容易让人感到急躁！

●想做的事不被允许时

●没有演到想演的角色时

●想出去玩但天气不好时

急躁海獭 ★ 优点

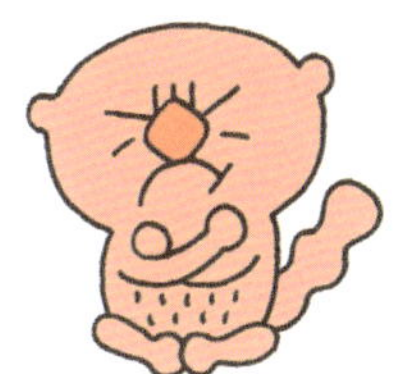

人生在世，总会有不如意的时候，这时你就告诉自己："这次要试着忍耐一下。"能够迅速冷静下来的人，往往能受到他人的尊敬！当急躁海獭快要出来的时候，你可以吃点喜欢的食物，听听喜欢的音乐，转换下心情！

急躁海獭 ★ 缺点

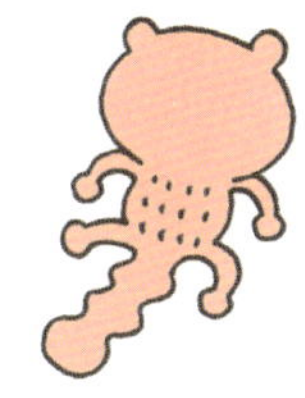

急躁海獭出现后，你和别人抱怨、将错误怪罪于他人、向周围的人撒气，都不能解决问题。相反，整件事会变得更不顺利。心里容易出现急躁海獭的人，总会心情不好，动不动就生气，身边的朋友也就慢慢远离他了。

同感鸭

同感鸭是一只温柔的鸭子，它会悄悄接近悲伤、痛苦的人，在他振作起来前，同感鸭都会陪在他的身边。同感鸭在听他人说话时，会感觉自己也在经历这件事，自己也会因同样的悲伤而落泪，胸口也会变得有些疼。

与同感鸭有关的描述

- 设身处地
- 心疼
- 心灵相通
- 心领神会
- 互相理解
- 同感

它会在什么时候出现

在见到伤心的事、遇到有困扰的人或听到他们讲的内容的时候，同感鸭在不知不觉间就出现了。令你有同感的人有可能就在你面前，也可能是电视中看到的、在书中读到的人。看运动比赛时，为运动员加油呐喊；看到大家都笑得很开心，你也会跟着笑起来，这都是因为同感鸭出现了。

●倾听朋友诉说烦恼时

●看到灾难或事故新闻时

●观看运动比赛时

同感鸭 ★ 优点

认真听别人说话，能很快明白对方想法的人很受欢迎。这样的人，往往能够在头脑中想象出相应的画面，所以他们更享受读书和看电影带来的快乐，也能为之感动。成年后，你要和其他人一起工作，同感鸭就变得格外重要了。

同感鸭 ★ 缺点

你见到正在伤心的人，和他说一句“你好可怜”，这是“同情”，和同感鸭所代表的情绪并不一样。如果有同感的话，你所说的应该是“好悲伤啊”。如果你能和伤心的人一同感到难过的话，他多少会感到安慰的；如果你觉得他“好可怜”，他肯定不会高兴。

成为想象中的自己
我为什么会变成这样
联欢会分组
戏剧
跳舞
猜谜语
魔术
唱歌
大家都选好了吗？
还有没选的人吗？
啊，怎么办？没有做决定的只有我了……
关系好的美和同学要去跳舞啊……
但我没跳过舞。
有没有人能来邀请我……
呜呜……
嗯？小玲还没决定好吗？来和我们一起跳舞吧！
啊，真的可以吗？
哈！
要在休息时间去练习哦！
好的！
我能做到吗？
不安……

休息时间
大家做得都很好！
虽然我没跳过舞，但还是很开心！
情绪太高涨了！
好疼
耶！
小玲，要配合着大家一起跳舞哦！
不能给别人添乱！
嗯。
生气
我才不喜欢跳舞呢！因为被邀请了，我才跳的！
哼！
这样啊，邀请你过来真是不好意思。
啊？
可能你去其他的小组更好些吧！
失落……
啊！我为什么会变成这样呢？
我明明只想高兴地参加活动……
不要担心。
有能控制自己情绪的方法哦！

转换下自己的心情

虽然并没有防止情绪出现的办法，但却有控制情绪或让情绪缓和的方法哦！

（重要的事）

首先，你不要无视自己的情绪。就算是令你不快的情绪，你也要“嗯，这样啊，我生气了”，好好地正视自己的情绪！哪怕是讨厌的情绪，只要你稍加重视，也能变得缓和一些。

可怕

当遇到可怕的事物时，你可以告诉自己：“虽然有点害怕，但是我可以！”然后尝试着观察一下周围的环境。等知晓了可怕事物的真面目，也就没那么恐怖了。

愤怒

如果你感到愤怒，可以先深吸一口气，然后慢慢地从 1 数到 10。你也可以闭上眼，对自己说：“冷静下来，冷静下来！”等过一段时间，怒气减弱，你也就能渐渐冷静下来了。

不安

当你感到不安时，尝试着把为什么不安写在纸上吧！然后你要去直面那些让人不安的事情，最后把它们挨个消灭。你也可以想象着“自己很厉害”，只是这样想一想，你都会感到没那么不安了！

伤心
寂寞

当你伤心的时候，就多哭一哭，哭完后找人聊聊天。你也可以强迫自己挤出笑脸来，这样大脑就会误以为你是开心的，你也就能变得稍微有些干劲了。

高兴
开心

开心的情绪如果过于高涨，你就会转变成“兴奋”状态。如果你发觉自己已经进入到这种状态了，先深呼吸一下，然后远离人群，到安静的地方冷静下来吧！

你该怎么办

事例 1

对总说“不要”的人束手无策

那个人总是说“不要”。如果你说“来玩抓小鸡吧”，她会说“不要”。然后你说“那来玩躲猫猫吧”，得到的回答依旧是“不要”。她总是这样子，你再也不想去邀请她了。

你的情绪

如果别人总跟你说“不要”，失望花菜就会出现。如果持续出现这种情况，生气鼬、可恨绵羊和厌恶紫薯就要出来了！

那个人的情绪

因为有别扭蝌蚪在，她没办法率直。其实，她只是想让大家看到孤单的自己，所以才总是说着与众不同的话。

试试这么做

你对她感到生气了吗？她虽然不会很直率地说出“嗯，谢谢你”，但她其实也会因为受到了邀请而感到开心哦！那么下次，试试这样去邀请她吧：“我想和你一起玩耍，你想玩什么游戏呢？”这样的话，她的别扭蝌蚪可能就会逃走了。

你该怎么办

事例 2

遇到总是在胡闹的人

那个人总是在胡闹，你希望他能好好打扫卫生，于是去提醒他，他也不听，还带动其他人也不好好打扫了。

你的情绪

你拿胡闹的人和自己作比较的话，就会觉得很不公平呢！这么一来，生气鼬就出现了。当你提醒对方注意的时候，生气鼬可能就会发泄出来了。

那个人的情绪

他心里有着“不想打扫卫生”“好想赶快回家去玩”的急躁海獭。为了代替抱怨，快乐浣熊便出现并开始胡闹了。

试试这么做

他不听你的提醒，大概是因为你丢出了生气鼬。于是，对方也把他的生气鼬丢给你，变得更加肆意妄为，你也就变得更加生气了。所以，你要先冷静下来，试着和他一起笑，然后邀请他一起打扫卫生。这样一来，对方的急躁海獭也会逐渐镇静下来。

你该怎么办

事例 3

不敢和陌生的同学说话

你从小就很腼腆，所以很不习惯升年级后，更换老师和同学。你要如何交新朋友，并融入新的班级中呢？

你的情绪

这种情况下，害羞狮和害怕雷达很容易出现。你不想在新的班级里做出尴尬的事情，不想被认为是无趣的人。可你越去想这些事情，心跳的速度就越快。

那个人的情绪

和你一样，面对新班级、新同学，大家的心里都装满了害羞狮和害怕雷达，大家都在想着“谁能来和我交个朋友呢”。

试试这么做

首先，和坐在你附近的同学搭个话吧！那个孩子肯定也想着想要和谁说说话。不过，不要先说你自己的事情，而是从他的穿着或者感觉“不错”的物品开始夸赞，说它们“很可爱”“很帅气”。然后，他肯定就会用“谢谢你，这个东西啊……”之类的话来回答你。这是不是很简单呢？

你该怎么办

事例 4

我讨厌被模仿

称赞你的物品、衣服“很可爱”的那个人，总是会问你“是从哪里买的”，然后买来同样的东西。你很不喜欢这样，你的内心很狭隘吗？

你的情绪

你发现被模仿后，急躁海獭会迅速出现，这是因为你很重视自己的个性。此时，你就会有种为了成为更好的人所做的努力被别人偷走了的感觉。

那个人的情绪

充满活力的憧憬鱼出现了。如果拥有了同样的物品的话，她也会变得像你一样可爱，真的很开心！其实，她似乎完全没有注意到你的焦躁。

试试这么做

试着用“我是别人想学习的人”“被模仿的我真的很厉害”之类的话，来转换下心情吧。这样的话，就算你被别人模仿了，心里出现的也只有自豪薯条。但如果你无论如何都十分讨厌被模仿的话，就要好好和对方表达出“我不喜欢被模仿”的态度。不过，为了保护那个人特别喜欢你的心，你可以用温柔的语气来告诉她！

你该怎么办

事例 5

讨厌大人说“不要狡辩”

被斥责的时候，你一旦用“因为”说明自己的理由，大人们总会直接来一句“不要狡辩！”为什么他们不听你解释，而是一个劲儿地生气呢？你真的无法理解他们为什么会这样！

大人的情绪

大人的心里被生气鼬占据得满满的。按理说，大人应该让自己心里的生气鼬冷静下来，好好听你说话的。但是，大人自己所认为的正确的行为，有时候未必是正确的。

你的情绪

被斥责时，你的心会受伤。这时，找借口宝宝就出现了，想要以“因为”来说说理由。虽然找借口宝宝会说出正确的理由，但它并不会反省错误的事情。

试试这么做

当被斥责的时候，你心里肯定有许多想要说的话。不过，为了将这些话能好好地告诉大人们，你尽量不要用“因为”“但是”一类的词语作为开头。

如果先说出“是这样啊”“对不起”“那时应该这样做的”，你再说明理由的话，大人应该就会好好听你说话了。

你该怎么办　**事例 6**

吵完架，从不先道歉

吵架后，明知道自己错了，你却不肯说出“对不起”。你虽然想和好，但也要等那个人先来道歉。你应该如何改变这样的自己呢？

那个人的情绪

吵架过后，如果双方的生气鼬都消失了，便会萌生出“道歉”的想法并反省自己，想着要赶快和好呀。

你的情绪

是不是因为自豪薯条的个头还太小了？还是“不想被讨厌”的不安熊猫的个头变得有些太大了？如果双方一直不能和好的话，急躁海獭就要出现了。

试试这么做

不肯道歉的人，并没有体会到道歉了才能感受到的快乐。

拿出勇气，就算一次也好，你主动向对方先道歉吧。在那一瞬间，你的内心就会被安心狗软绵绵地包围住，眼前也会一下子变得明亮起来。如果你下次再需要道歉的话，这件事就变得超级简单了。快用这个方法试试看吧！